EXPOSITION INTERNATIONALE DE 1889

TRAVAUX

DE LA

STATION AGRONOMIQUE

DE

L'ÉCOLE D'AGRICULTURE DE GRIGNON

PAR

M. P.-P. DEHÉRAIN

MEMBRE DE L'INSTITUT
PROFESSEUR DE PHYSIOLOGIE VÉGÉTALE AU MUSÉUM D'HISTOIRE NATURELLE
ET DE CHIMIE AGRICOLE A L'ÉCOLE DE GRIGNON

PARIS
G. MASSON, ÉDITEUR
LIBRAIRIE DE L'ACADÉMIE DE MÉDECINE
120, Boulevard Saint-Germain et rue de l'Éperon
EN FACE L'ÉCOLE DE MÉDECINE
1889

TRAVAUX

DE LA

STATION AGRONOMIQUE

DE

L'ÉCOLE D'AGRICULTURE DE GRIGNON

Imprimeries réunies, B, rue Mignon, 2.

EXPOSITION INTERNATIONALE DE 1889

TRAVAUX

DE LA

STATION AGRONOMIQUE

DE

L'ÉCOLE D'AGRICULTURE DE GRIGNON

PAR

M. P.-P. DEHÉRAIN

MEMBRE DE L'INSTITUT
PROFESSEUR DE PHYSIOLOGIE VÉGÉTALE AU MUSÉUM D'HISTOIRE NATURELLE
ET DE CHIMIE AGRICOLE A L'ÉCOLE DE GRIGNON

PARIS
G. MASSON, ÉDITEUR
LIBRAIRIE DE L'ACADÉMIE DE MÉDECINE
120, Boulevard Saint-Germain et rue de l'Eperon
EN FACE L'ÉCOLE DE MÉDECINE
1889

EXPOSITION INTERNATIONALE DE 1889

STATION AGRONOMIQUE

DE

L'ÉCOLE D'AGRICULTURE DE GRIGNON

DIRECTEUR

M. P.-P. DEHÉRAIN

Membre de l'Institut
Professeur au Muséum et à l'École de Grignon

CHIMISTES ATTACHÉS A LA STATION :

MM. **MAQUENNE** (1871-1876).
NANTIER (1876-1879).
MEYER (1879-1880).

MM. **KAYSER** (1880-1881).
POL MARSHALL (1881-1886).
PATUREL (1886-1889).

On a étudié, à la station agronomique de Grignon, les changements survenus dans la composition des sols soumis à diverses cultures, les quantités de nitrates qui peuvent se produire dans ces sols, l'influence qu'exercent, sur l'abondance et la valeur des récoltes, les engrais distribués, le choix des variétés semées ; la plupart de ces travaux comportent des déterminations numériques susceptibles d'être représentées par des graphiques qui ont été tracés et figurent à l'Exposition.

Pour faciliter leur lecture, pour répandre ce mode de représentation des résultats culturaux, utile à l'enseignement, je reproduis ici les dessins exposés en les accompagnant de courtes explications nécessaires pour faire saisir l'intérêt des questions étudiées.

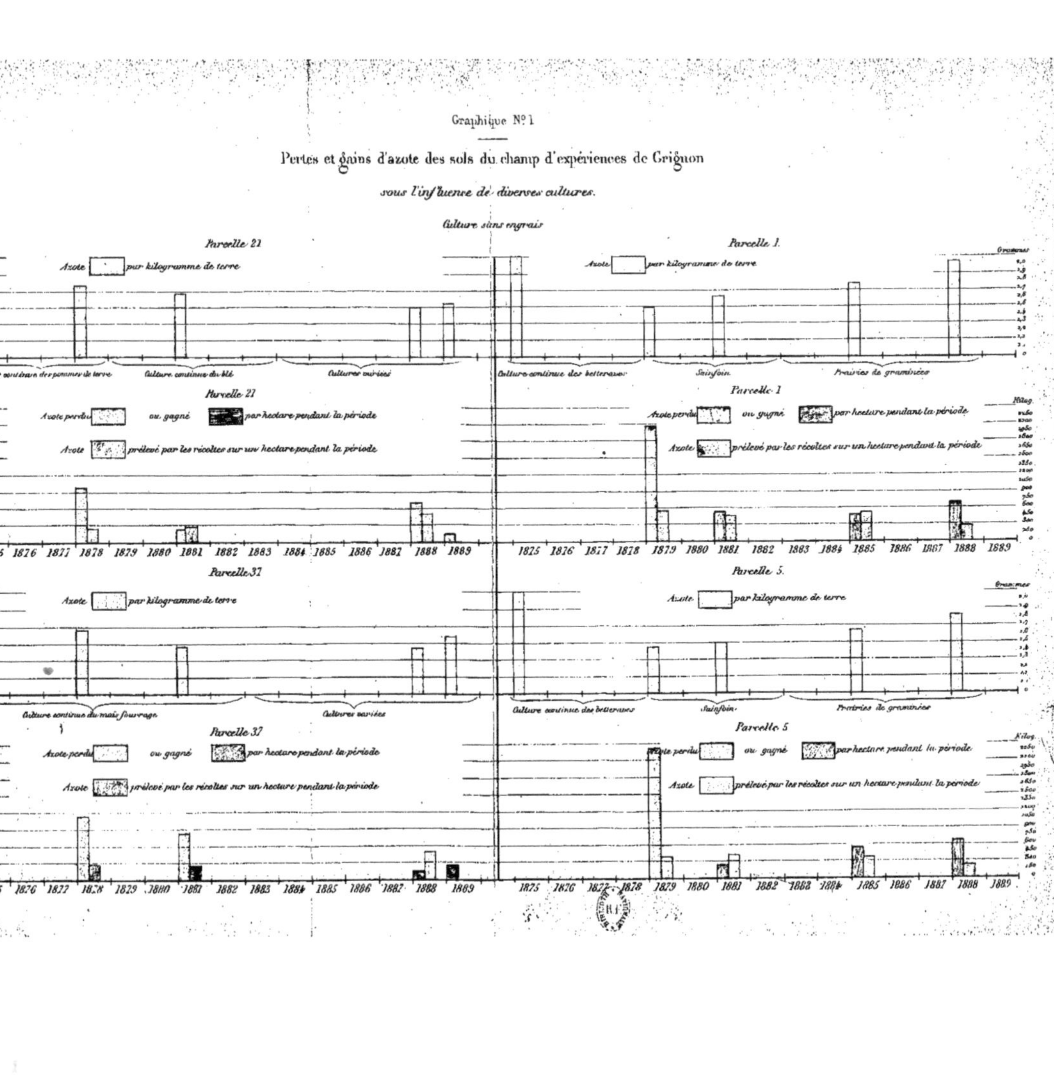
Graphique N°1
Pertes et gains d'azote des sols du champ d'expériences de Grignon
sous l'influence de diverses cultures.
Culture sans engrais
Parcelle 21
Azote par kilogramme de terre
Culture continue du blé
Cultures variées
Parcelle 21
Azote perdu ou gagné par hectare pendant la période
Azote prélevé par les récoltes sur un hectare pendant la période
1876 1877 1878 1879 1880 1881 1882 1883 1884 1885 1886 1887 1888 1889
Parcelle 1.
Azote par kilogramme de terre
Grammes
Culture continue des betteraves
Sainfoin
Prairies de graminées
Parcelle 1
Azote perdu ou gagné par hectare pendant la période
Azote prélevé par les récoltes sur un hectare pendant la période
Kilog.
1875 1876 1877 1878 1879 1880 1881 1882 1883 1884 1885 1886 1887 1888 1889
Parcelle 37
Azote par kilogramme de terre
Culture continue du maïs fourrage
Cultures variées
Parcelle 37
Azote perdu ou gagné par hectare pendant la période
Azote prélevé par les récoltes sur un hectare pendant la période
1876 1877 1878 1879 1880 1881 1882 1883 1884 1885 1886 1887 1888 1889
Parcelle 5.
Azote par kilogramme de terre
Grammes
Culture continue des betteraves
Sainfoin
Prairies de graminées
Parcelle 5
Azote perdu ou gagné par hectare pendant la période
Azote prélevé par les récoltes sur un hectare pendant la période
Kilog.
1875 1876 1877 1878 1879 1880 1881 1882 1883 1884 1885 1886 1887 1888 1889

PREMIÈRE PARTIE

GRAPHIQUE N° 1.

Pertes et gains d'azote des sols du champ d'expériences sous l'influence de diverses cultures de 1875 à 1889.

Au moment où le champ d'expériences a été dessiné dans une pièce sortant de luzerne, on a déterminé la teneur en azote du sol; des échantillons recueillis sur un grand nombre de points furent mélangés avec soin, le lot moyen ainsi composé, soumis à l'analyse, accusa 2 gr. 04 d'azote par kilogr., chiffre élevé, mais qui ne surpasse pas la teneur habituelle des sols enrichis par les prairies artificielles.

On traça sur le terrain des parcelles d'un are d'étendue régulièrement mesurées, chacune d'elles reçut un numéro invariable, les engrais distribués furent pesés, analysés quand on le jugea nécessaire; l'histoire de ces parcelles pendant ces quinze dernières années de 1875 à 1889 est donc parfaitement connue.

Pendant les premières années, la plupart des parcelles portèrent des cultures continues, plus tard au contraire les plantes alternèrent; en général, on distribua des engrais, mais quelques parcelles restèrent constamment sans engrais, telles sont notamment les parcelles **21**, **37**, **5**, dont la teneur en azote figure au graphique ; la parcelle **1** reçut du fumier à l'origine, mais resta sans engrais depuis 1877.

On prit des échantillons en divers points du sol de ces parcelles, en 1878, 79, 81, 85, 88 et 89; la quantité d'azote trouvé aux diverses périodes pour chacune des parcelles étudiées est figurée par la hauteur des bandes bleues[1].

La parcelle 21 a été consacrée de 1875 à 1879 à la culture continue des pommes de terre. En 1878, quand on y prit des échantillons, on trouva que la teneur en azote du sol avait considérablement baissé ; le kilogramme avait perdu 0 gr. 30 d'azote combiné ; pendant les années suivantes, l'appauvrissement fut encore sensible; quand en 1881, on reprit des échantillons, la terre avait porté, depuis l'origine des essais, cinq récoltes de pomme de terre et deux de blé sans recevoir d'engrais; à ce moment-là, on ne trouva plus au kilogramme que 1.69 d'azote. A la prise d'échantillons de 1888, la terre ne contenait plus que 1 gr. 50 d'azote, mais elle en accusait 1 gr. 52 au printemps de 1889. Ainsi, après avoir perdu le quart de son azote primitif, la terre semble aujourd'hui récupérer une petite proportion de l'azote que, lentement, elle a perdu pendant les premières années.

La déperdition de l'azote a été beaucoup plus rapide sur le sol de la parcelle 37 soumise à la culture continue du maïs fourrage. En 1878, le taux de l'azote tombe à 1 gr. 67 et, en 1881, à 1 gr. 45.

Contrairement à ce qu'on aurait pu penser, cet appauvrissement, au lieu de s'accentuer avec les récoltes qui se succédèrent depuis cette époque, s'arrête au contraire; en 1888 on trouve, après des cultures variées, une teneur en azote un peu plus forte qu'en 1881; en 1889, le sol ayant porté l'année précédente une avoine avec du trèfle est encore plus riche qu'en 1888, les dosages donnent 1 gr. 53.

La marche de l'azote dans le sol des parcelles 1 et 5 est très intéressante : en 1879, après trois récoltes de betteraves et une de maïs fourrage, la teneur en azote du sol est tombée pour l'une à 1 gr. 50 et pour l'autre 1 gr. 46. Ainsi, en quatre ans, la teneur en azote a baissé de plus d'un quart; il est curieux de constater que l'analyse justifie pleinement l'opinion des cultivateurs au sujet de l'action inégalement épuisante des diverses cultures; le sol a beaucoup moins perdu quand on a cultivé des pommes de terre, que lorsqu'on l'a ensemencé en maïs fourrage, et moins quand il a porté du maïs que lorsqu'on l'a cultivé en betteraves.

1. Voir pour plus de détails *Annales agronomiques*, t. IV, p. 118; t. VIII, p. 321; t. XII, p. 17; t. XV, p. 161.

En 1879, on résolut d'essayer de faire retrouver à cette terre appauvrie sa richesse primitive en la mettant en prairie artificielle, on y sema du sainfoin. Quand on reprit des échantillons en 1881, on trouva que le sol renfermait, pour la parcelle **1**, 1 gr. 65 d'azote et 1 gr. 50 pour la parcelle **5**, au lieu de 1 gr. 50 et 1 g. 46, bien que les trois récoltes de sainfoin eussent été enlevées; en 1882, on substitua au sainfoin une prairie de graminées; la terre, analysée en 1885, donna par kilo 1 gr. 77 d'azote pour la parcelle **1** et 1 gr. 65 pour la parcelle **5**. Ainsi elles s'étaient considérablement enrichies l'une et l'autre, bien qu'on eût chaque année enlevé le fourrage qu'elles avaient produit. En 1888, enfin, on trouva 1 gr. 98 et 1 gr. 81 d'azote; le mouvement ascensionnel de l'azote du sol cultivé en prairies est bien visible sur le dessin, les bandes bleues des parcelles **1** et **5** vont en croissant à partir de 1879.

Ainsi la terre est le siège de deux phénomènes inverses; elle peut, suivant les conditions dans lesquelles elle est placée, s'appauvrir ou s'enrichir en azote; et cet enrichissement se produit, même quand on ne donne aucun engrais azoté.

Les pertes subies par le sol d'un hectare pendant les périodes écoulées d'une prise d'échantillons à l'autre, par exemple de 1875 à 1878, sont représentées pour chaque parcelle immédiatement au-dessous des teneurs en azote; pour trouver cette perte, on a multiplié le chiffre trouvé pour la différence entre la teneur en azote d'un kilo entre deux prises successives, en 1875 et en 1878 par exemple, par 3,850 tonnes, qu'on a supposé représenter le poids du sol d'un hectare : la hauteur des bandes noires représente ces pertes, les bandes vertes placées à côté indiquent la quantité d'azote contenue dans les récoltes de la période. La différence de hauteur de ces bandes démontre clairement que les pertes d'azote ne sont pas dues exclusivement aux prélèvements des récoltes.

Quand au lieu de constater une perte d'azote, on a constaté un gain, on a teinté les bandes en rouge.

Le dessin montre clairement que, sur toutes ces parcelles, les pertes d'azote, très fortes pendant les premières années, ont diminué d'importance pendant les périodes suivantes et ont même fait place à des gains; ces gains considérables dans le cas de la prairie ont encore été sensibles dans les autres cas; il est vraisemblable qu'ils doivent être attribués aux microbes fixateurs d'azote, dont l'action si inattendue a été découverte par M. Berthelot, et confirmée par les recherches récentes de MM. Hellriegel et Wilfarth sur les tubercules à bactéries des légumineuses.

Il est permis de tirer de ces expériences quelques conclusions générales, et d'abord l'action améliorante de la prairie, constatée depuis longtemps par les cultivateurs, est mise en évidence de la façon la plus complète par l'enrichissement en azote du sol qui l'a portée.

Quand on eut constaté avec quelle rapidité se dissipe l'azote accumulé par les engrais ou par les cultures de légumineuses, dans un sol un peu léger comme celui de Grignon, on s'efforça de les éviter; on y réussit en changeant le mode de distribution des fumures, elles sont aujourd'hui moins abondantes mais plus rapprochées que par le passé.

Graphique N° 2

Nitrification.

Azote nitrifié en un jour dans une tonne d'une terre fertile

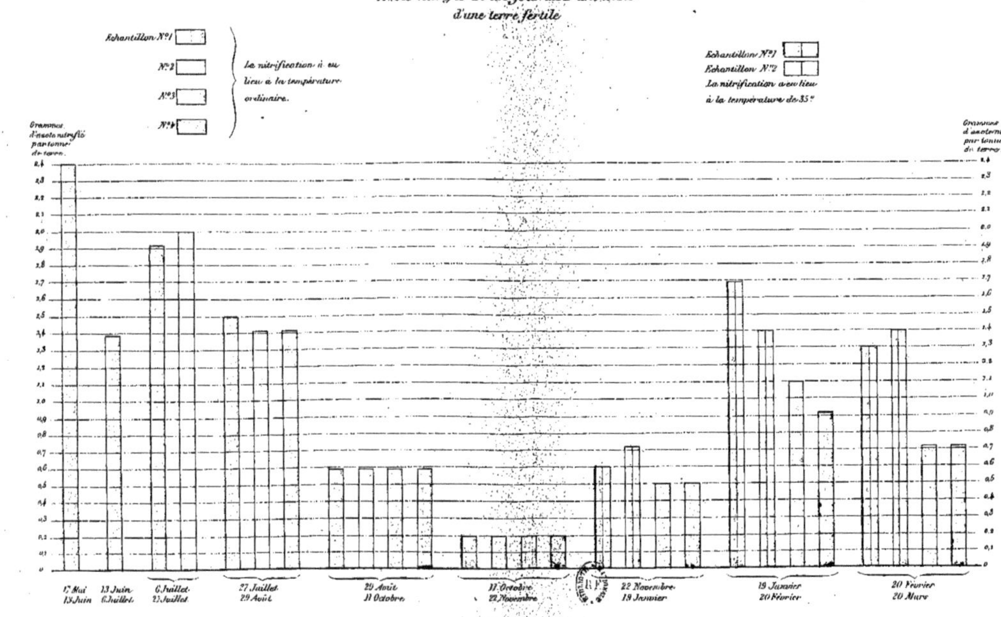

GRAPHIQUE N° 2.

NITRIFICATION

Azote nitrifié en un jour dans une tonne d'une terre fertile renfermant 2 gr. 61 d'azote par kilogramme.

Les observations résumées dans le graphique n° 1 font voir que les terres, présentant une grande richesse en azote, en perdent une quantité notable, quand elles sont soumises au travail de la charrue, et que ces pertes s'atténuent et font même place à des gains considérables, quand la terre, transformée en prairie, reste en repos.

Cette perte d'azote coïncidant avec une aération énergique du sol peut-elle être attribuée à une nitrification exagérée ? Pour le savoir, il convenait de chercher quelle quantité de nitrates se forme dans une terre fertile.

Les résultats figurés dans le graphique n° 2 ont été obtenus de la façon suivante : des lots de 100 gr. d'une bonne terre fine bien homogène ont été disposés dans quatre entonnoirs exposés à l'air libre, mais conservés humides par des arrosages réguliers ; à la fin de chaque période, les terres étaient soumises à un lavage méthodique pour recueillir les nitrates formés ; l'eau de lavage évaporée jusqu'à ne plus fournir qu'une dizaine de centimètres cubes est introduite dans un ballon renfermant du protochlorure de fer et de l'acide chlorhydrique et bien purgé d'air par une ébullition préalable ; on recueille le bioxyde d'azote dégagé et on déduit de son volume ramené par le calcul à 0° et à 760 mill. de pression la quantité d'azote qu'il renferme. Pour rendre les comparaisons faciles et éviter les fractions trop faibles, on a multiplié les chiffres trouvés pour 100 gr. par 10,000, ce qui donne la quantité produite dans une tonne, et on a enfin divisé par le nombre de jours qu'a duré la nitrification. Les nombres ainsi calculés sont figurés par la hauteur des bandes. Les dates placées au-dessous indiquent le commencement et la fin de la période pendant laquelle les nitrates dosés se sont formés.

On a distingué les divers échantillons de la terre fertile mise en expériences par des couleurs différentes. Pour les premières déterminations, on voit une seule bande et successivement deux, puis trois, puis quatre, et ce nombre est conservé jusqu'à la fin des essais. Les quatre séries d'expériences ont été cependant commencées simultanément, mais l'entonnoir n° 1 a seul été lavé à la fin de la période; il a donné la quantité considérable d'azote nitrifié indiqué au graphique : 2 gr. 4 par tonne et par jour ; si dans un sol en places la nitrification était aussi active, elle donnerait en un jour 8 kil. 240 d'azote nitrifié par hectare et par suite en 100 jours la quantité énorme de 824 kilogrammes, hors de toute proportion avec les exigences des récoltes.

Pendant la période suivante, la nitrification est moins active; pendant la troisième période du 6 au 13 juillet la quantité d'azote nitrifié augmente; le nombre trouvé n'est pas fortuit, car, en lavant l'échantillon n° 2 à la fin de la troisième période, en ramenant à la quantité formée dans une tonne en un jour on y a trouvé presque exactement le même nombre que pour l'échantillon n° 1; cette similitude des nombres obtenus démontrait, non seulement que les dosages de l'échantillon n° 1 étaient exempts d'erreur, mais en outre que la proportion de 0 gr. 038 de nitrate (calculé à l'état de nitrate de chaux) dans 100 grammes de terre, que renfermait le n° 2 au commencement de la seconde période, c'est-à-dire de 4 dix-millièmes environ, n'exerçait aucune influence sur l'activité de la nitrification, puisque les deux quantités de nitrates, enlevées en deux ou en un seul lavage, se sont trouvées identiques.

Sous l'influence des chaleurs de juillet, pendant la troisième période, la nitrification s'est accélérée, sans retrouver l'énergie du début; pendant la période suivante les trois échantillons nitrifient de la même manière, mais la saison est moins favorable, la quantité formée plus faible; l'un cependant a été lavé pour la première fois, les nitrates formés n'ont donc pas entravé la formation de quantités nouvelles ; c'est surtout pendant les quatrième et cinquième périodes que l'activité de la nitrification s'éteint.

Pour savoir si c'était bien à l'abaissement de température que cet affaiblissement était dû, les deux échantillons n° 1 et n° 2 furent placés à l'étuve ; les bandes qui représentent les nitrates qu'ils ont formés sont teintées de deux couleurs pour indiquer cette condition nouvelle ; l'influence du chauffage fut sensible, mais il est curieux de constater que les deux échantillons restés à la température du laboratoire, qui est peu élevée pendant l'hiver, montrèrent une reprise d'activité qui fut encore sensible pendant les deux périodes suivantes ; l'influence de l'étuve fut également beaucoup plus marquée.

Il semble que pendant la sixième période, du 11 octobre au 22 novembre, la matière à nitrifier ait fait défaut, puis, que par suite d'une modification dans la composition de la matière organique du sol, la substance nitrifiable ait apparu de nouveau, ce qui expliquerait le regain d'activité constaté du 22 novembre au 20 mars.

Les études sur la nitrification résumées dans le graphique n° 2[1] montrent qu'une terre riche, *régulièrement arrosée*, produit d'énormes quantités de nitrates ; c'est là sans doute ce qui a lieu dans les cultures maraîchères où s'élabore rapidement la matière végétale.

1. *Annales agron.*, t. XIV, p. 289.

Graphique N° 3

Azote nitrifié en un jour

dans une tonne de terre, régulièrement arrosée.

Terres sans engrais depuis 1875.

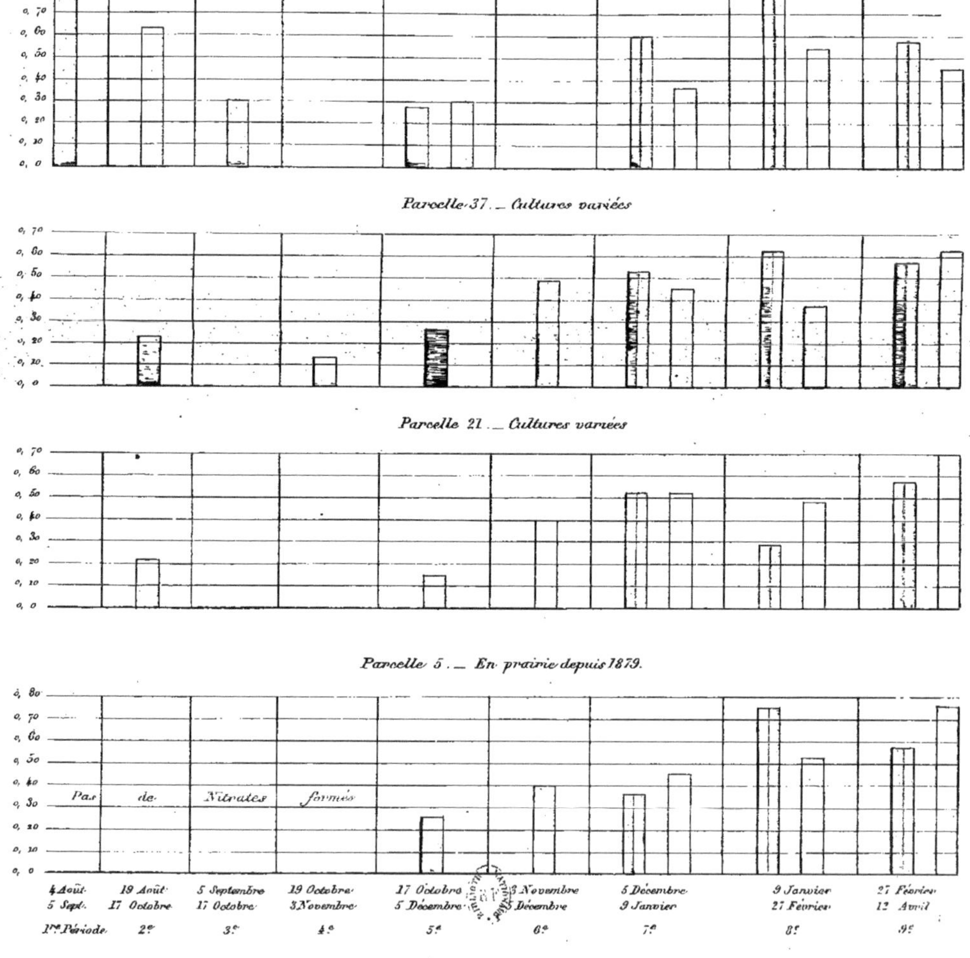

GRAPHIQUE N° 3.

Azote nitrifié dans des sols restés sans engrais depuis 1875.

Les expériences sur la nitrification exécutées en 1888 ont non seulement porté sur une terre riche en azote, mais encore sur des terres restées sans engrais depuis 1875; cette seconde série a été conduite comme la précédente.

Les nombres trouvés aux diverses périodes, pour la quantité d'azote nitrifié par tonne et par jour, dans les échantillons de chacune des terres mises en expérience, sont représentés par la hauteur des bandes. Les deux échantillons sont distingués par l'intensité de leur couleur ; quand ils ont été mis à l'étuve, la moitié de la hauteur de la bande est teintée en rouge. On a représenté les résultats constatés sur les différentes terres par des couleurs variées.

Le graphique n° 3 comprend les résultats constatés sur quatre parcelles cultivées sans engrais. La parcelle 53 est celle qui renferme la matière la plus nitrifiable : dès le début, quand les autres terres n'ont pas encore nitrifié, elle donne une quantité d'acide azotique considérable qui ensuite s'atténue peu à peu, pour reprendre à la fin des essais une nouvelle activité ; si on compare les 0 gr. 8 d'azote nitrifié par tonne et par jour aux 2 gr. 4, donnés au début par la terre fertile (graphique n° 2), on voit combien la nitrification varie d'une terre riche à une terre pauvre.

Pendant la cinquième période, les deux échantillons de la terre 53 se sont trouvés absolument d'accord.

Pour activer la nitrification, un des échantillons fut placé à l'étuve; au commencement de la septième période l'élévation de température détermina un regain d'activité, mais l'échantillon maintenu à la température du laboratoire donna pendant les deux dernières périodes des quantités d'azote nitrifié encore notables. L'influence de l'élévation de température est très manifeste; il semble que la matière immédiatement nitrifiable ait été produite plus rapidement sous l'influence de la chaleur qu'à la température assez basse du laboratoire, mais que cependant l'action de la chaleur ne soit pas la cause déterminante de cette formation de matière nitrifiable : en effet, l'échantillon n° 2 qui n'a pas été chauffé donne pendant la dernière période une quantité de nitrates peu éloignée de celle qu'à fournie le n° 1 placé à l'étuve.

En moyenne, pendant la durée des essais, la terre de la parcelle **53** fournit 0 gr. 40 d'azote par tonne et par jour ; en rapportant à l'hectare, on trouve 1,690 grammes et si, dans le sol en place, la nitrification était aussi active, on aurait 169 kilos d'azote nitrifié en 100 jours, quantité supérieure aux exigences des récoltes.

Or cette parcelle **53** est actuellement incapable de nourrir une récolte de betterave : il faut en conclure, ou bien qu'un élément différent de l'azote y fait défaut, ou que la nitrification ne s'est pas établie pendant l'année 1887 où elle a porté des betteraves; mais il est manifeste que, contrairement à ce qu'on aurait pu penser au premier abord, ce n'est pas à l'absence de matière azotée nitrifiable qu'est due sa stérilité.

La nitrification s'est établie dans les trois autres terres restées sans engrais tout autrement que dans la parcelle **53** ; elle est très faible au début dans les parcelles **21** et **37** et nulle dans la parcelle **5**. C'est précisément l'inverse de ce qu'on a observé pour la terre fertile; en 1888, au moment de la prise d'échantillon, la terre de la parcelle **5** mise à nitrifier était cependant assez riche en azote, mais le ferment nitrique n'y paraissait pas en pleine activité, car c'est seulement après une assez longue incubation qu'il a fonctionné régulièrement.

Une fois la nitrification établie dans le sol de ces trois parcelles, elle s'accélère presque dans toutes les terres et d'une façon régulière; c'est le dosage exécuté pendant la dernière période qui donne les chiffres les plus élevés.

On ne saurait donc dire que le sol de ces parcelles ne renferme plus de matière nitrifiable; et cependant elles ne donnent plus que des récoltes très faibles de betteraves (1887) ou de trèfle (1889), bien que cette année la terre soit très humide.

Les recherches sur la nitrification représentées par les graphiques 2 et 3 ont été entreprises pour savoir si le curieux renversement constaté dans la marche de l'azote combiné, observé dans le sol des parcelles 5, 21 et 37, était dû non seulement à une fixation d'azote atmosphérique, mais encore à une diminution des pertes qu'occasionne la nitrification, que nous considérons comme la cause principale de la déperdition de l'azote combiné. On sait, en effet, que les nitrates n'étant pas retenus par la terre arable sont utilisés par les récoltes ou entraînés dans les eaux souterraines et perdus.

Les résultats constatés dans les recherches sur la nitrification montrent, en effet, que la matière azotée d'une terre fertile se nitrifie très aisément, rapidement, lorsque la terre est maintenue humide. Dès le début des expériences figurées au graphique n° 2 les nitrates ont apparu en proportions notables et leur formation justifie l'hypothèse que les pertes d'azote peuvent être attribuées à une nitrification exagérée.

Dans les terres 37, 21 et 5, au contraire, la nitrification ne s'est établie que difficilement, lentement, et il est vraisemblable que dans les terres en place le ferment nitrique ne fonctionne qu'avec une très médiocre activité et ne provoque plus que des pertes minimes insuffisantes pour balancer les gains que déterminent les ferments fixateurs d'azote.

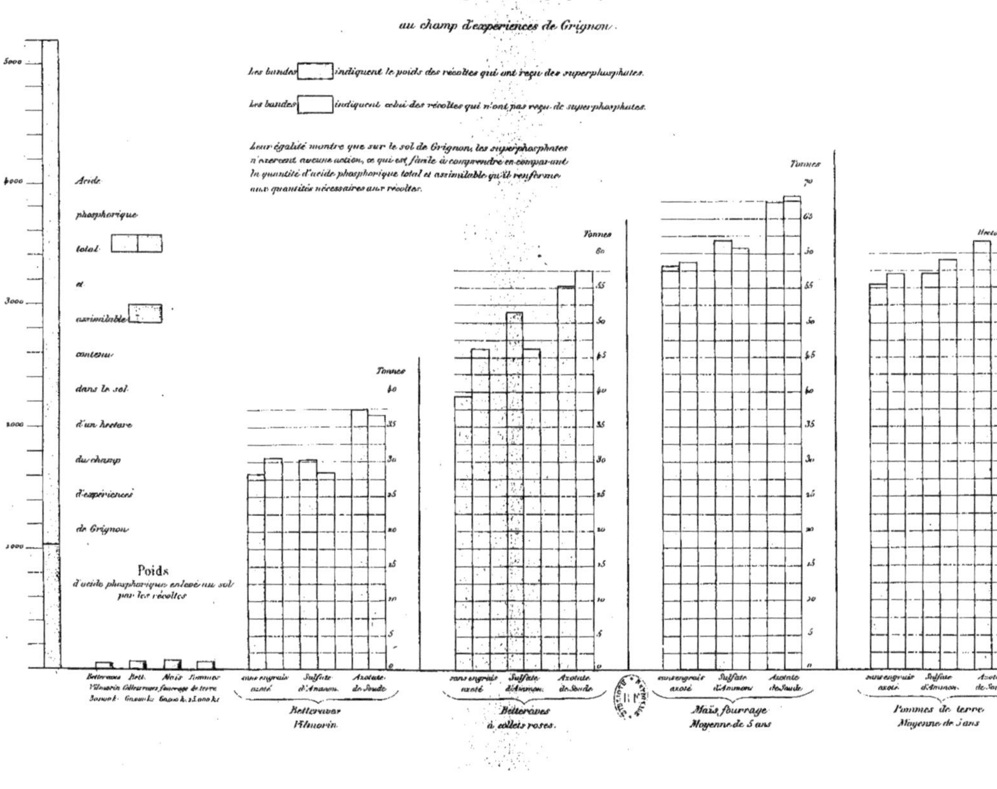
Graphique N° 4
Essai d'emploi des superphosphates
au champ d'expériences de Grignon.
Les bandes indiquent le poids des récoltes qui ont reçu des superphosphates.
Les bandes indiquent celui des récoltes qui n'ont pas reçu de superphosphates.
Leur égalité montre que sur le sol de Grignon, les superphosphates n'exercent aucune action, ce qui est facile à comprendre en comparant la quantité d'acide phosphorique total et assimilable qu'il renferme aux quantités nécessaires aux récoltes.
Acide phosphorique total et assimilable contenu dans le sol d'un hectare du champ d'expériences de Grignon
Poids d'acide phosphorique enlevé au sol par les récoltes
Betteraves Vilmorin
Betteraves à collets roses
Maïs fourrage Moyenne de 5 ans
Pommes de terre Moyenne de 5 ans
sans engrais azoté
Sulfate d'Ammon.
Azotate de Soude
Tonnes
Hectolitres

GRAPHIQUE N° 4.

Emploi des superphosphates au champ d'expériences.

On a essayé pendant plusieurs années[1], au champ d'expériences de Grignon, l'emploi des engrais azotés, additionnés ou non de superphosphates, ou encore la culture sans engrais, comparée à la culture avec superphosphates sur deux variétés de betteraves, sur du maïs fourrage ou sur des pommes de terre; on a représenté par les bandes bleues les récoltes qui ont reçu des superphosphates, par des jaunes celles qui en ont été privées.

L'égalité de ces bandes est remarquable. Tantôt les récoltes des parcelles qui ont reçu des superphosphates sont un peu supérieures à celles des terres qui en ont été privées et tantôt un peu inférieures. Il est donc manifeste que, pour le sol de Grignon, les superphosphates ne présentent aucune utilité.

Pour en saisir la raison, on a déterminé la quantité d'acide phosphorique totale contenue dans le sol du champ d'expériences; on trouve qu'elle dépasse 5,000 kilos à l'hectare et qu'un cinquième environ est à l'état d'acide phosphorique soluble dans l'acide acétique ou le citrate d'ammoniaque ammoniacal, qu'on s'accorde à considérer comme dissolvants de l'acide phosphorique assimilable.

En comparant le poids d'acide phosphorique assimilable contenu dans la couche superficielle à celui qui est prélevé par les diverses récoltes et qui n'atteignent pas 50 kilos par hectare, on comprend comment l'addition d'une nouvelle proportion est inutile.

Nous avons défini l'engrais : la matière utile à la plante qui manque au sol. Il est manifeste que l'acide phosphorique ne

1. *Ann. agron.*, t. V, p. 161.

manque pas au sol de Grignon : pour ce sol, il n'est pas un engrais.

Il est à remarquer que ces essais ont été interrompus en 1879 ; depuis cette époque, les parcelles cultivées sans engrais ont perdu une quantité notable d'acide phosphorique; il est vraisemblable que bientôt on pourra reconnaître que les engrais phosphatés y exercent une action marquée ; en complétant ces essais par l'analyse du sol, on en pourra tirer des conséquences intéressantes sur la teneur que doit présenter un sol en acide phosphorique total et assimilable pour que les engrais phosphatés y soient efficaces.

Graphique N° 5

Quantité d'Acide phosphorique

Total et *Soluble dans l'acide acétique (assimilable)*

exprimé en grammes, contenus dans un kilogramme de diverses terres

L'ensemble de la bande verte et rouge indique l'acide phosphorique total,
la partie verte inférieure, la fraction de cet acide actuellement assimilable.

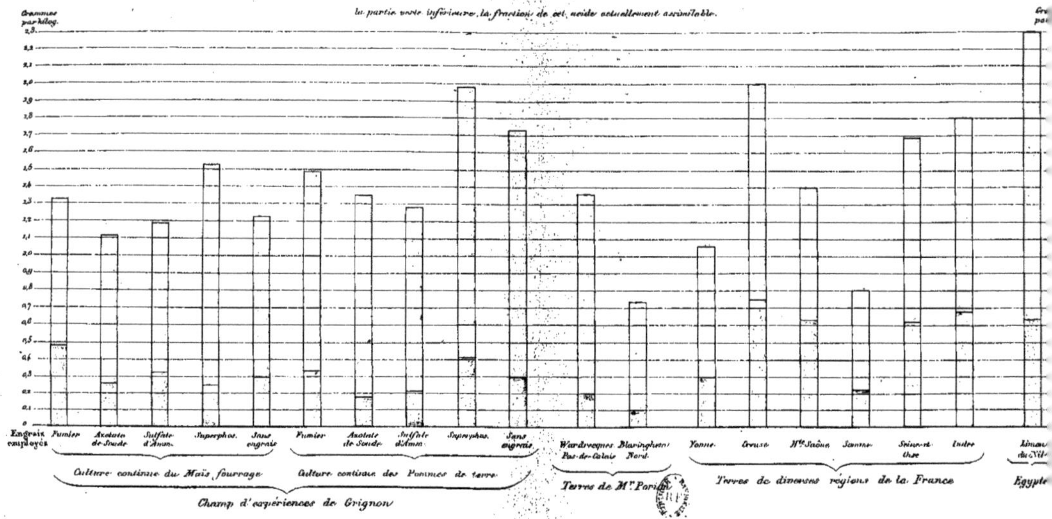

Grammes par kilog.

2,3 — 2,2 — 2,1 — 2,0 — 1,9 — 1,8 — 1,7 — 1,6 — 1,5 — 1,4 — 1,3 — 1,2 — 1,1 — 1,0 — 0,9 — 0,8 — 0,7 — 0,6 — 0,5 — 0,4 — 0,3 — 0,2 — 0,1 — 0

Engrais employés: Fumier, Azotate de Soude, Sulfate d'Amm., Superphos., Sans engrais — Culture continue du Maïs fourrage

Fumier, Azotate de Soude, Sulfate d'Amm., Superphos., Sans engrais — Culture continue des Pommes de terre

Champ d'expériences de Grignon

Wardrecques Pas-de-Calais, Blaringhem Nord — Terres de Mr Porion

Yonne, Creuse, H[te] Saône, Sarthe, Seine-et-Oise, Indre — Terres de diverses régions de la France

Limon du Nil — Egypte

GRAPHIQUE N° 5.

Acide phosphorique total et assimilable contenu dans différents sols.

Nous avons montré dans le graphique précédent que l'acide phosphorique n'exerce aucune influence sur le champ d'expériences de Grignon. Il devenait vraisemblable que ce sol contenait une quantité d'acide phosphorique total, et en outre d'acide phosphorique assimilable suffisante pour subvenir aux besoins des récoltes.

Pour s'en assurer, on soumit à l'analyse les sols d'un certain nombre de parcelles du champ d'expériences[1]; la quantité d'acide phosphorique total contenue dans 1 kilogr. de chacune des terres est représentée par la hauteur des bandes rouge et verte du dessin; la hauteur des bandes vertes indique la fraction de cet acide qui est soluble dans l'acide acétique et qu'on peut dès lors supposer être engagé en combinaison avec des protoxydes, susceptible de se dissoudre dans l'eau chargée d'acide carbonique, et par suite assimilable.

En général, les parcelles qui, au moment de la prise d'échantillons, avaient porté quatre récoltes de maïs fourrage, sont plus pauvres en acide phosphorique que celles qui avaient porté des pommes de terre. On remarque que les deux parcelles qui, depuis plusieurs années, ont reçu des superphosphates, sont plus riches que toutes les autres.

On a étendu ces dosages à un certain nombre d'autres sols.

Sur la terre de Wardrecques[2] qui ne renferme que 1 gr.3 d'acide

1. *Ann. agron.*, t. VI, p. 509.
2. Voy. *Cultures expérimentales de Wardrecques et de Blaringhem* (*Ann. agron.*, t. XII, p. 49; t. XIII, p. 1; t. XIV, p. 5; et t. XV, p. 97).

phosphorique total et seulement 0 gr.2 d'acide phosphorique assimilable par kilogramme, l'emploi des superphosphates est avantageux pour la culture des betteraves, mais ces engrais n'exercent plus d'action dans la culture du blé.

L'emploi des engrais phosphatés est indispensable sur la terre de Blaringhem qui ne contient que 0 gr. 7 d'acide phosphorique total et 0 gr. 1 d'acide phosphorique assimilable par kilogramme.

Dans toutes les autres terres examinées, la proportion d'acide phosphorique assimilable est assez considérable pour enlever toute utilité aux engrais phosphatés; il en est ainsi notamment pour le limon du Nil.

Les phosphates ne nous paraissent devoir être employés sur les terres qui reçoivent les fumures régulières de fumier de ferme que lorsque la proportion d'acide phosphorique total est au-dessous de 1 gramme par kilo, et la quantité d'acide phosphorique assimilable au-dessous de 0 gr. 2 par kilo.

L'avantage qu'on tire de l'emploi des superphosphates à Wardrecques n'est pas en contradiction avec la règle précédente, car la fumure habituelle n'est pas le fumier, mais le tourteau de maïs, qui ne renferme qu'une très faible quantité d'acide phosphorique.

DEUXIÈME PARTIE

Cultures diverses.

Le bénéfice ou produit net d'une culture est établi par l'équation suivante facile à discuter

$$P = (R \times V) - (E + L)$$

Produit net.	Poids de la récolte.	Prix de vente.	Dépense d'engrais.	Loyer, main-d'œuvre, etc.

Il est manifeste que, si le poids de la récolte R reste invariable, que E et L, dont la somme représente les dépenses, ne changent pas et que V subisse, ainsi que cela a eu lieu il y a quelques années, un avilissement sensible, le produit net baisse et peut même devenir nul.

Pour compenser cette baisse des prix de vente, on peut diminuer le terme négatif, employer moins d'engrais, réduire les fermages, épargner la main-d'œuvre, mais ces réductions sont minimes, et le véritable remède est évidemment l'accroissement de R, le poids de la récolte.

C'est à accroître les rendements qu'ont tendu nos efforts pendant ces dernières années; pour y réussir nous avons essayé diverses variétés des plantes cultivées et en outre nous les avons soutenues par des engrais variés. Les résultats obtenus sont représentés dans les graphiques suivants : ceux qui sont consacrés aux cultures de céréales sont tous disposés de la même manière.

A gauche sont figurés les produits : grains et pailles récoltés à l'hectare, à droite les résultats économiques de ces cultures.

Les bandes des parties droites et gauches se correspondent *exactement*; les résultats économiques de la culture représentée par la première bande à gauche sont figurés à la première bande de gauche de la partie droite du dessin.

A gauche nous avons dressé à partir d'une ligne zéro des bandes dont la hauteur indique la quantité de grains recueillie à l'hectare sur chaque parcelle; au-dessous est figurée la quantité de paille correspondante.

A droite des dessins sont représentés les résultats économiques, qui comprennent le produit brut, divisé par la ligne zéro en : dépenses placées au-dessous, bénéfice placé au-dessus.

En multipliant le poids du grain par son prix de vente, le poids de la paille également par son prix de vente, on a le produit brut; de la somme ainsi calculée, on défalque d'abord les dépenses. Ces dépenses sont, d'une part, les frais de loyer, de main-d'œuvre, etc., aux environs de Grignon, pour la culture du blé : ces dépenses sont environ de 300 francs par hectare, elles sont figurées par les bandes vertes placées au-dessous de la ligne zéro; d'autre part les dépenses d'engrais : elles sont ajoutées au-dessous, la longueur des bandes placées ainsi au-dessous de la ligne zéro donne donc la totalité des dépenses.

Le produit net ou bénéfice représenté au-dessus de la ligne zéro est la différence entre le produit brut et les dépenses.

Par suite, il est manifeste qu'en ajoutant les chiffres des bandes rouges (bénéfices) à ceux des bandes vertes, bleues, etc. qui figurent l'ensemble des dépenses on a le produit brut. Si celui-ci était inférieur aux dépenses, on représenterait le déficit par une bande placée au-dessus de la ligne zéro mais teintée en noir.

Graphique N° 6

Culture du Blé, influence des variétés.

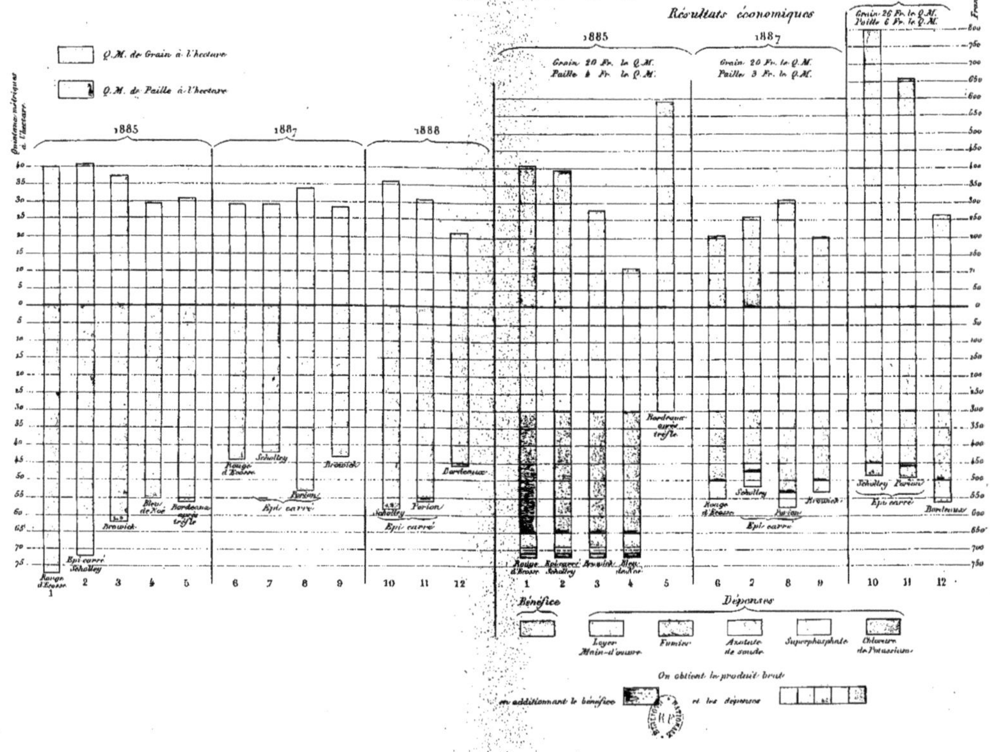

Q.M. de Grain à l'hectare

Q.M. de Paille à l'hectare

Quintaux métriques à l'hectare

1885 — 1 Rouge d'Ecosse, 2 Epi carré Schalley, 3 Browick, 4 Bleu de Noé, 5 Bordeaux après trèfle

1887 — 6 Rouge d'Ecosse, 7 Schalley, 8 Parion, 9 Browick (Epi carré)

1888 — 10 Schalley, 11 Parion, 12 Bordeaux (Epi carré)

Résultats économiques

1885 — Grain 20 Fr. le Q.M. Paille 4 Fr. le Q.M.

1887 — Grain 20 Fr. le Q.M. Paille 3 Fr. le Q.M.

1888 — Grain 26 Fr. le Q.M. Paille 6 Fr. le Q.M.

Francs

1 Rouge d'Ecosse, 2 Epi carré Schalley, 3 Browick, 4 Bleu de Noé, 5 Bordeaux après trèfle, 6 Rouge d'Ecosse, 7 Schalley, 8 Parion, 9 Browick, 10 Schalley, 11 Parion, 12 Bordeaux

Bénéfice

Dépenses: Loyer Main-d'œuvre, Fumier, Azotate de soude, Superphosphate, Chlorure de Potassium

On obtient le produit brut en additionnant le bénéfice et les dépenses

GRAPHIQUE N° 6.

Culture du blé. — Influence des variétés.

Tel que l'ont façonné des siècles de culture, le blé est aujourd'hui une plante mal équilibrée, une tige grêle, allongée, médiocrement résistante, portant à son extrémité un épi dont le poids augmente à mesure qu'approche l'époque de la moisson.

Si, dans les dernières semaines, au moment où la plante a acquis tout son développement, où l'équilibre est particulièrement instable surviennent des orages accompagnés de violents coups de vent, la récolte verse ; la maturation devient difficile, les rendements sont réduits ; cet accident est d'autant plus à craindre que la tige est plus allongée, or l'effet le plus marqué des engrais est précisément de déterminer une croissance considérable de la paille, de telle sorte que le cultivateur de blé se trouve serré entre deux alternatives également fâcheuses, ou cultiver sans engrais et n'avoir que des récoltes médiocres, avec les bas prix, ruineuses, ou distribuer des fumures en risquant de tout compromettre si elles déterminent la verse.

Il me parut donc au moment où, en 1884, je voulus essayer de lutter contre l'avilissement des prix par l'augmentation du rendement, qu'il importait d'abord d'essayer des variétés de blé présentant une résistance à la verse suffisante pour qu'il fût possible de leur distribuer d'abondantes fumures.

On sema cinq variétés différentes : le blé rouge d'Écosse, l'épi carré Scholley, le Browick, le Bleu de Noé et enfin le blé de Bordeaux, et on distribua d'abondantes fumures pour éprouver la résistance à la verse qu'elles présentaient[1].

1. *Ann. agron.*, t. XI, p. 133.

Les récoltes obtenues sont représentées à gauche du graphique. En 1885 le blé rouge d'Ecosse versa sur deux parcelles; mais comme l'arrière-saison ne fut pas trop humide, il mûrit sa graine et donna 40 quintaux métriques de grains à l'hectare ou environ 50 hectolitres; la récolte du blé à épi carré Schollcy fut un peu supérieure comme grain, mais un peu inférieure comme paille; le Browick donna une récolte moins bonne que les précédents et le blé bleu de Noé encore plus faible, analogue à celle du blé de Bordeaux. Les différences de hauteur des bandes de gauche indiquent très bien ces rendements si inégaux.

Les résultats économiques de la culture sont indiqués sur la partie droite du tableau[1]. Aux dépenses figure une valeur conventionnelle, le prix du fumier; nous avons supposé qu'il était acheté, et revenait mis en place à 10 francs la tonne. Les cultivateurs qui, au lieu de chercher la comparaison entre les bénéfices, voudront comparer les produits bruts y réussiront aisément en additionnant les bénéfices et les dépenses. Ils verront que la valeur de la récolte du Rouge d'Écosse est 728 + 410 = 1,138 francs, tandis que pour le blé de Noé, on a seulement 738 + 110 = 838 francs.

Les bandes étant des deux côtés rangées dans le même ordre, portant les mêmes numéros conventionnels, on voit qu'en 1885, pour les quatre premières variétés les dépenses ont été formidables, elles se sont élevées à 728 francs. Cependant le bénéfice est encore pour les deux premières variétés de 400 francs, mais il n'est plus que de 250 francs pour le Browick et ne dépasse que médiocrement 100 francs pour le blé de Noé.

Cette variété ne pouvant pas arriver aux grands rendements, même lorsqu'elle est fortement fumée et que la saison est favorable, a été définitivement abandonnée.

Le blé de Bordeaux placé après trèfle ne reçut aucune fumure, cependant il versa mais mûrit sa graine; le bénéfice est considérable, bien que la récolte ait été médiocre, parce que cette variété n'a eu aucune dépense d'engrais à supporter. Le produit brut toutefois n'atteint pas tout à fait 900 francs.

En 1886, les diverses variétés de blé mises en expériences ont été atteintes par la rouille, mais trop inégalement pour que les comparaisons fussent possibles.

1. On a compté au blé toute la dépense d'engrais qu'il a reçu.

En 1887, année très sèche, les rendements ont été inférieurs à ceux de 1885, cependant le blé à épi carré que je tenais de mon ami M. Porion qui fournit de si admirables récoltes dans le Pas-de-Calais et le Nord[1] donna en moyenne 34 quintaux métriques ou 42^{hect} 9, les autres variétés restent à 30 quintaux métriques. Le rouge d'Ecosse et le Browick donnent 200 francs de bénéfice à l'hectare, l'épi carré Scholley 250 francs et l'épi carré Porion 300 francs. Le produit brut de cette dernière variété est voisin de 900 francs.

En 1888, on a comparé deux variétés d'épi carré au blé de Bordeaux; l'épi carré Scholley, qui avait été inférieur à l'épi carré Porion pendant la saison sèche et chaude de 1887, lui a été supérieur pendant l'année froide et humide de 1888; l'un a donné en moyenne 35 quintaux métriques à l'hectare, l'autre 30; le blé de Bordeaux n'en a fourni qu'un peu plus de 20.

Le prix du blé étant beaucoup plus élevé en 1888 que les années précédentes, les bénéfices sont devenus beaucoup plus forts; on a gagné plus de 800 francs avec l'épi carré Scholley, 650 francs avec l'épi carré Porion et seulement 250 francs avec le blé de Bordeaux.

Ainsi, pendant trois saisons à caractères différents, l'épi carré a donné des récoltes infiniment supérieures à celles qu'on a pu obtenir du blé de Bordeaux; il est manifeste que cette variété est destinée à se répandre de plus en plus dans la région septentrionale où elle donne aisément plus de 40 hectolitres à l'hectare.

1. Voyez dans les *Ann. agron.*, t. XII, XIII, XIV et XV, les cultures expérimentales de Wardrecques et de Blaringhem, par MM. Porion et Dehérain.

Graphique N° 7

Culture du Blé à épi carré.

Champ d'expériences de Grignon, 1887.

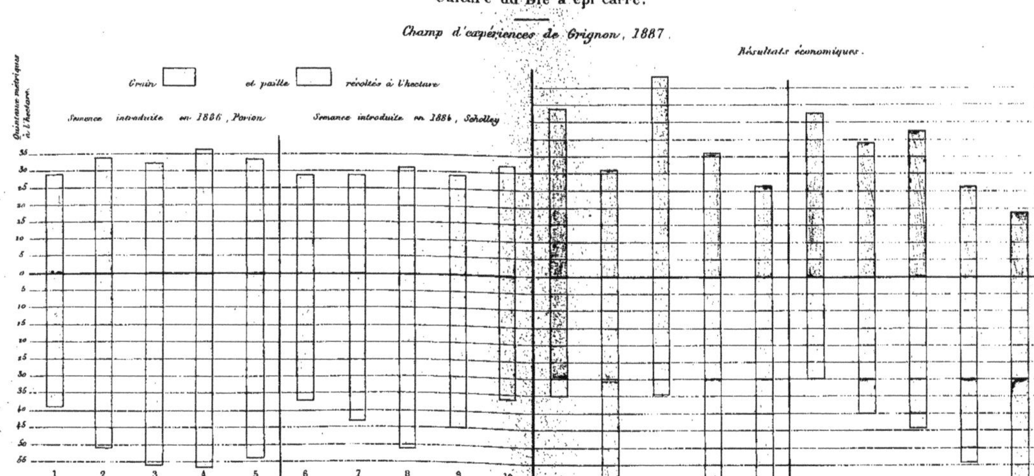

GRAPHIQUE N° 7.

Culture du blé à épi carré en 1887. — Influence des fumures.

En 1887, on a mis en comparaison deux variétés de blé à épi carré, l'une originaire des cultures de M. Porion, l'autre de celles de M. Scholey, mais provenant du grain récolté à Grignon en 1886.

Le blé Porion a été semé sur une terre divisée, les années précédentes, en petites parcelles qui avaient porté du blé et des pommes de terre sans engrais; le blé Scholley succédait à des betteraves fumées ou non.

Sans engrais, l'épi carré Porion (1) a donné 28^{qm} 7 et le blé Scholley (6) 28.5. Avec fumier et azotate de soude (2) et (4), l'épi carré Porion a donné 34^{qm} 5 et 35.7 ; avec azotate de soude seul : 33^{qm} 2 ; et avec fumier et sulfate d'ammoniaque : 33^{qm} 2. C'est donc le mélange fumier et azotate de soude qui donne la plus belle récolte, c'est lui qui fournit le produit brut le plus élevé; on a en effet pour la parcelle (4) 350 francs de bénéfice et 650 francs de dépenses, ou 1,000 francs de produit brut.

L'azotate de soude seul produit seulement 900 francs de produit brut; le bénéfice toutefois paraît beaucoup plus fort, car la dépense d'engrais est minime, tandis que pour (4), nous avons compté 300 francs de fumier (30 tonnes à 10 francs). Si efficace que soit habituellement le fumier, il n'y aurait donc pas intérêt à l'acquérir à un prix aussi élevé. L'addition du sulfate d'ammoniaque au fumier est moins avantageuse que celle de l'azote de soude.

Pendant l'année chaude et sèche de 1887, l'épi carré Scholley a été au-dessous de l'épi carré Porion. Après betteraves fumées, et avec fumier à faible dose (7), on a obtenu 29 quintaux métriques de grains, 31 en ajoutant, à cette même dose de fumier, de l'azotate de soude (8). L'augmentation des doses de fumier (9 et 10) n'a pas été efficace, et par suite le bénéfice s'est trouvé de plus en plus faible.

Ainsi qu'il vient d'être dit, pendant l'année 1887, l'épi carré Porion a été supérieur au blé Scholley ; en 1888, année froide et humide, on a observé l'inverse. Il y a là une indication qui pourra être utile aux cultivateurs des régions moyennes de la France.

Les nombreuses publications de M. Porion et de l'auteur de cet écrit ont depuis quelques années popularisé la culture du blé à épi carré ; en 1887, puis en 1888, des questionnaires ont été adressés à un grand nombre de cultivateurs qui ont semé cette variété ; ces questionnaires sont revenus apportant des renseignements remplis d'intérêt ; nous transcrivons ici les pages que nous leur avons consacrées dans le mémoire inséré dans le tome XV des *Annales agronomiques*[1].

« Nous avons réuni dans le tableau ci-après l'ensemble des renseignements qui nous sont parvenus cette année ; ils ont été obtenus sur des surfaces de dimensions très inégales qui ne doivent pas être éloignées d'une centaine d'hectares ; l'expérience est donc très sérieuse.

	Hectolitres à l'hectare.	
	Blé à épi carré.	Autres variétés.
M. Gallician (Bouches-du-Rhône)........	32.0	17.0
M. Poncabaré (Basses-Pyrénées).........	29.5	25.0
M. Desvaux-Lafforest (Dordogne)........	30.0	23.3
M. le baron de Meynard (Corrèze).......	25.0	21.2
Moyenne de la région méridionale.	29.1	20.1
M. Roget (Vendée)....................	25	18
M. Fradin (Deux-Sèvres)...............	25	18
M. Dessaivre id.	31	21
M. Baudoin id.	34	20
M. Puichaud id.	38	23
M. Cordeau (Charente).................	31	23
M. Meresse (Loire-Inférieure)...........	21	»
M. Davost (Loire-Inférieure)............	38.0	36
MM. Defas frères (Sarthe)...............	55.5	44
M. Vasseur (Marne)....................	32.0	»
M. Chatelain (Aisne)..................	48.9	»
M. Berthault (Seine-et-Oise)............	50.0	35.0
M. Dehérain id.	42.2	27.9
Moyenne de la région centrale.	36.2	27.2

1. Cultures expérimentales de Wardrecques et de Blaringhem par MM. Porion et Dehérain, page 97.

	Hectolitres à l'hectare.	
	Blé à épi carré.	Autres variétés.
M. Lamerand-Lebleu (Nord)	55	45
M. Pasquesoone-Gadenne (Nord)	51	»
M. Vandebeulque (Nord)	43	»
Anonyme (Nord)	48	4
M. Wartelle (Nord)	40	»
M. Benoît Verricle (Nord)	42	28
M. Bayard (Pas-de-Calais)	37.5	»
M. Laurent id.	55.4	»
M. A. Bouve id.	58.3	»
M. Masclef id.	63.0	51
M. Porion Blaringhem	41.2	»
— Wardrecques	51.7	»
Moyenne de la région septentrionale.	48.8	41.0

« Si nous comparons les rendements obtenus avec l'épi carré à ceux qui ont été fournis par les autres variétés, nous voyons que, dans le Midi de la France[1], les récoltes signalées sont passées de 20 hect. 1 à 29 hect. 1; la différence est donc de 9 hectolitres; pour la région moyenne, la substitution de l'épi carré aux variétés habituellement semées fait passer la récolte de 27 hect. 2 à 36 hectol. 2, la différence est de 9 hectol., enfin, dans la région septentrionale, nous trouvons que l'épi carré a fourni : 48 hect. 8, au lieu de 41, c'est-à-dire que la différence est 7 hect. 8. Il est donc manifeste que, cette année, la substitution a été très avantageuse, puisque, avec des variétés diverses, on a produit en moyenne 29 hect. 5, tandis qu'avec l'épi carré on en a produit 38 hect. 6. En 1887 les rendements moyens de l'épi carré avaient été :

Région méridionale	21.0
— moyenne	33.5
— septentrionale	49.3

« Ou en moyenne de 34 hect. 6.

« En comparant ces rendements aux 15 hectolitres produits habituellement en France, on voit quels progrès il reste à accomplir.

1. Dans le mémoire présenté à l'Académie, le 12 novembre 1888, les chiffres donnés pour les moyennes des diverses parties de la France ne sont pas identiques à ceux que nous venons d'insérer dans ce mémoire; nous avons reçu depuis le mois de novembre quelques nouveaux renseignements qui modifient les moyennes, mais ne changent rien aux conclusions.

Bien que notre pays consacre chaque année sept millions d'hectares à la production du froment, le rendement est si faible, qu'il nous faut en moyenne acheter à l'étranger dix millions d'hectolitres. Si, en employant des variétés plus prolifiques que celles qu'on sème aujourd'hui, on faisait monter la production de l'hectare de deux ou trois hectolitres, non seulement la France produirait tout ce qui est nécessaire à sa consommation, mais elle pourrait en outre exporter des excédents.

« Il n'est pas besoin de dire qu'il ne suffit pas de choisir une bonne variété de blé pour être certain d'obtenir une abondante récolte, il faut encore se placer dans des conditions que nous allons essayer d'indiquer, en profitant des observations de nos correspondants et de celles que nos nombreux essais nous ont permis de recueillir.

« Et tout d'abord, on a pu voir que nos renseignements sur la culture de l'épi carré dans la région méridionale ne sont pas assez nombreux pour que nous puissions conseiller d'étendre considérablement son emploi : il faut, à notre avis, s'en tenir encore aux essais. Si en effet, cette année, la récolte a été de 29 hectolitres, elle n'a été que de 21 l'an dernier; il nous paraîtrait donc imprudent de consacrer dès aujourd'hui de larges surfaces à une variété dont la résistance à la sécheresse n'est pas assurée.

« En revanche, nous croyons fermement que cette variété est tout à fait à sa place dans la région moyenne de la France et surtout dans la région septentrionale.

« L'épi carré donne les plus belles récoltes sur les terres fortes, argileuses, bien assainies par le drainage ; le semis en ligne nous a toujours mieux réussi que l'épandage à la volée ; à Wardrecques, nous n'employons que 120 litres à l'hectare, en lignes, et à Blaringhem 180 litres à la volée; l'espacement des lignes doit être compris entre $0^{m}15$ et $0^{m}20$, et la semaille doit se faire très tôt.

« Sur les terres fortes, arrivées à un haut degré de fertilité, comme celles de Wardrecques qui ont reçu, pour la récolte précédente de betteraves, une bonne fumure de fumier ou de tourteaux, une nouvelle fumure organique pour blé est inutile ; elle peut même devenir nuisible : nos correspondants nous ont signalé plusieurs échecs dus à ces fumures exagérées.

« Sur ces terres fertiles, 300 kilogrammes de superphosphates à l'hectare si la terre manque d'acide phosphorique, et 200 kilogrammes d'azotate de soude ou de sulfate d'ammoniaque au printemps si la végétation est un peu languissante, sont suffisants.

« Quand, au contraire, les terres fortes ne sont pas enrichies depuis longtemps, l'emploi du fumier à haute dose est indispensable. A Blaringhem, nous allons jusqu'à 50,000 kilogrammes de fumier à l'hectare; nous ajoutons toujours 300 kilogrammes de superphosphates, et souvent, en outre, l'addition des engrais salins au printemps a montré une grande efficacité.

« Sur des terres un peu légères qui souffrent aisément de la sécheresse, comme celles de Grignon, l'emploi du fumier pour blé est indispensable, même quand le blé succède au trèfle. On a obtenu de très bons résultats en répandant à l'automne de 20,000 à 30,000 kilogrammes de fumier à l'hectare, et 200 kilogrammes de nitrate de soude au printemps.

« Si le blé succède aux betteraves et si celles-ci ont reçu 50,000 kilogrammes de fumier, 10,000 kilogrammes suffisent; si les betteraves n'ont eu que 20,000 kilogrammes, le blé peut en recevoir autant. L'addition du nitrate de soude au printemps est presque toujours avantageuse.

« La qualité du blé à épi carré est analogue à celle des autres blés roux; d'après un travail consciencieux exécuté l'an dernier par M. Pagnoul, la richesse en matières azotées de l'épi carré analysé a été de 11.87, supérieure à la moyenne, 11.0, de l'ensemble des blés examinés[1].

« En résumé, à défaut de terres d'une haute fertilité sur lesquelles la fumure pour blé n'est pas indispensable, il faut profiter de la résistance à la verse que présente l'épi carré pour lui donner d'abondantes fumures; c'est en les employant qu'on réussit à en obtenir des rendements qui naguère auraient paru fabuleux.

« Il résulte toutefois, non seulement de nos propres observations, mais aussi de celles de plusieurs de nos correspondants, que la réussite est bien moins assurée par une forte fumure récente que par l'enrichissement dû à des fumures antérieures. »

1. *Ann. agron.*, t. XIV, p. 263. — On trouvera, dans les cahiers de mai 1889 des *Annales agronomiques*, des observations très intéressantes de M. Didier sur la qualité du blé à épi carré.

Graphique N° 8

Culture de l'Avoine, influence des variétés.

Q. M. de Grain à l'hectare

Q. M. de Paille à l'hectare

Quintaux métriques à l'hectare

1886 — 1887 — 1888

Avoine géante à grappes — Avoine des Salines — Avoine de Pologne — Avoine de Californie — Avoine de Coulommiers

Avoine géante à grappes — Avoine des Salines — Avoine Potatoe

Avoine géante à grappes — Avoine des Salines

1886 — 1887 — 1888

Avoine géante à grappes — Avoine des Salines — Avoine de Pologne — Avoine de Californie — Avoine de Coulommiers

Avoine géante à grappes — Avoine des Salines — Avoine Potatoe

Avoine géante à grappes — Avoine des Salines

Bénéfice — Dépenses

Loyer Main-d'œuvre — Fumier — Azotate de Soude

On obtient le produit brut en additionnant le bénéfice et les dépenses

GRAPHIQUE N° 8.

Culture de l'avoine. — Influence des variétés.

Pendant longtemps, de 1875 à 1882, j'ai pratiqué au champ d'expériences de Grignon la culture continue de l'avoine noire de Coulommiers. Pendant les bonnes années j'ai obtenu de 20 à 23 quintaux métriques de grains à l'hectare, et 40 quintaux métriques de paille ; en 1876 la récolte est montée à 29 quintaux métriques de grain et 47 quintaux métriques de paille.

En attribuant au grain une valeur de 20 francs le quintal et à la paille une valeur de 5 francs on aurait donc en moyenne de 6 à 700 francs de produit brut.

Quand les prix de vente tombèrent il y a quelques années, je résolus d'essayer quelques autres variétés pour reconnaître si on ne pourrait pas en obtenir des rendements plus avantageux.

En 1886, on mit en comparaison avec l'avoine de Coulommiers l'avoine de Californie, celle de Pologne, l'avoine des Salines et une variété nouvelle obtenue par M. H. de Vilmorin et désignée sous le nom d'avoine géante à grappes.

Les résultats de cette culture sont représentés dans la partie gauche du graphique. Les récoltes furent très différentes, l'avoine géante à grappes vint en tête avec 40 quintaux métriques de grain et plus de 70 quintaux métriques de paille, suivie de près par l'avoine des Salines, les autres variétés se montrèrent très inférieures.

Les fumures avaient été les mêmes pour toutes ces cultures sauf pour l'avoine géante qui n'avait reçu que du nitrate de soude. On voit à droite du dessin que pour l'avoine géante et l'avoine des

Salines, le produit brut atteint 950 francs. Le bénéfice est dans un cas de 650 francs, dans l'autre de 500 francs.

En 1887 on cultiva outre l'avoine géante à grappes et l'avoine des Salines une variété anglaise désignée sous le nom bizarre d'avoine *potatoes;* les trois récoltes furent bonnes, l'avoine géante fut encore la meilleure, l'avoine des Salines vint en second et l'avoine potatoes la troisième; on voit à droite que le bénéfice fut encore très sensible, mais plus grand avec l'avoine géante qu'avec les deux autres variétés.

En 1888, l'avoine potatoes fut éliminée, on mit seulement en comparaison l'avoine des Salines et l'avoine géante, les récoltes de grains furent encore comprises entre 30 et 35 quintaux métriques de grain, et comme les prix de vente ont été élevés, le bénéfice ainsi qu'on le voit à l'extrémité droite du dessin a été considérable, atteignant 650 francs par hectare.

Les deux variétés précédentes donnent des rendements en grains très supérieurs à ceux que fournit habituellement l'avoine de Coulommiers souvent cultivée aux environs de Paris, et je crois que les praticiens auront avantage à semer l'avoine des Salines et l'avoine à grappes dans les localités où la vente des avoines jaunes ne présente pas de difficultés.

Graphique N° 9

Culture des pommes de terre, Variété Chardon.

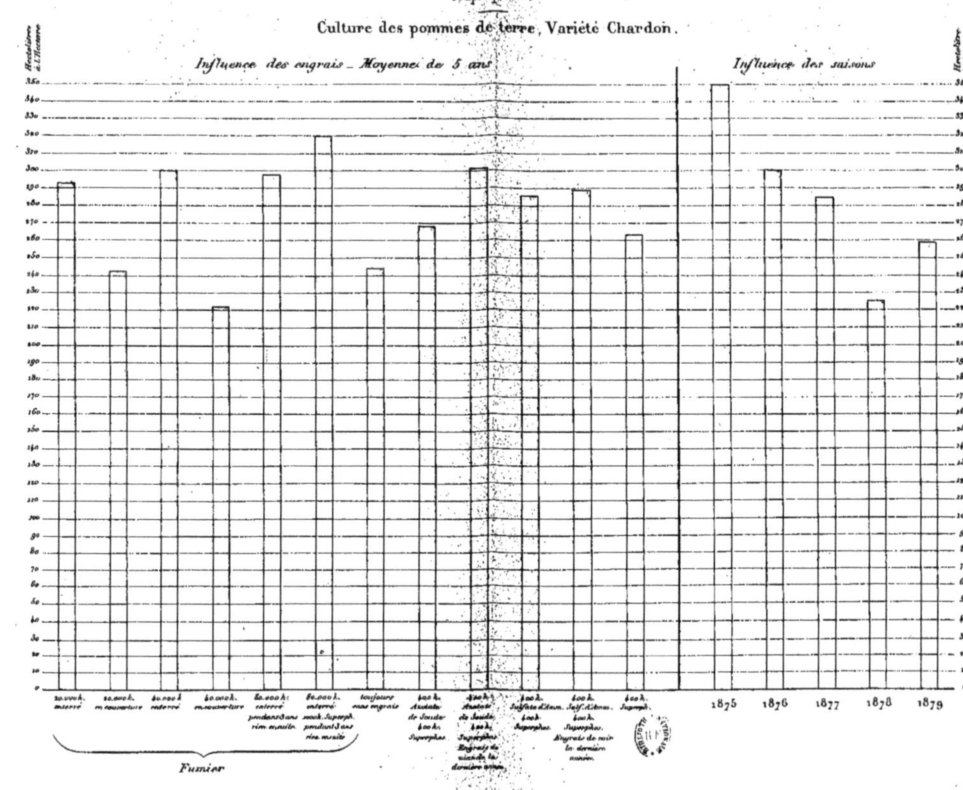

GRAPHIQUE N° 9.

Culture des pommes de terre. — Variété Chardon. — Influence des engrais et des saisons.

Les bandes rouges indiquent la moyenne des rendements obtenus pendant cinq années de culture continue des pommes de terre.

En comparant les hauteurs des deux premières bandes, qui ont reçu l'une et l'autre 20,000 kil. de fumier de ferme à l'hectare, on est frappé de voir combien le fumier enfoui est plus efficace que celui qui est employé en couverture.

La comparaison des deux bandes suivantes conduit encore aux mêmes conclusions; on voit en outre qu'il est complètement inutile de forcer pour cette culture la dose de fumier de ferme; la récolte obtenue avec 40,000 kil. est à peu près la même que celle qu'a donnée la dose de 20,000 kil., quand le fumier a été enterré, et un peu plus faible quand il a été employé en couverture.

Les deux bandes suivantes représentent les récoltes de parcelles sur lesquelles pendant les trois premières années, 1875, 1876 et 1877, on a enfoui 80,000 kil. de fumier de ferme, employés seuls ou additionnés de 1,000 kil. de superphosphates; pendant les deux dernières années, 1878 et 1879, on n'a pas employé d'engrais.

Les récoltes de la parcelle qui a reçu la haute dose de fumier et de superphosphates sont les plus élevées, mais elles ne dépassent celles qui ont reçu des doses inférieures de moitié ou des trois quarts que d'une quantité trop faible pour que cette plus-value puisse payer le grand surcroît de dépenses qu'a occasionné l'emploi de cette masse d'engrais.

Quand on cultive la pomme de terre sans engrais, on obtient encore en moyenne 244 hectolitres qui, comptés à 4 fr. l'hectolitre, représentent 976 fr. Cette culture est seulement grevée des frais généraux de loyer, de main-d'œuvre, etc., qu'on peut estimer à 400 fr. par hectare; il resterait un bénéfice de 576 fr.

Si on cherche à établir le compte de la parcelle qui a reçu 20,000 kil. de fumier, on trouve 290 hectolitres. La recette brute est donc 1,160 fr., dont il faut retrancher 400 fr. de frais généraux et 200 fr. de fumier, ou 600; il resterait donc 560 fr. Il n'y aurait eu ni avantage ni perte à fumer à cette dose, mais il aurait été onéreux d'employer chaque année 40,000 kil. de fumier; en effet, les 300 hect. récoltés valaient 1,200 fr.; mais les dépenses se montaient à 800 fr.; il y aurait donc eu seulement 400 fr. de bénéfice au lieu de 560.

L'azotate de soude seul à la dose de 400 kil. a donné une récolte inférieure à celle de l'azotate de soude additionné de superphosphates; quand on a employé le sulfate d'ammoniaque additionné ou non de superphosphates, les deux récoltes sont restées à peu près égales; enfin les superphosphates employés seuls ont donné 260 hectolitres, dépassant de 20 hectolitres la parcelle sans engrais. Le surcroît de récolte est donc de 80 fr. qui représentaient à peu près à cette époque la valeur des 400 kil. de superphosphates employés.

En résumé, on voit que la pomme de terre est une plante qui ne bénéficie que très médiocrement des dépenses qu'on fait pour elle; et que lorsqu'elle est placée sur une terre fertile, elle peut très bien être cultivée sans aucune dépense d'engrais.

La partie droite du dessin indique les récoltes moyennes recueillies pendant chacune des années d'expérience. Il est curieux de voir combien la récolte varie d'une année à l'autre. C'est en 1875 qu'elle a été la meilleure et en 1878 la plus faible; cette année-là a été très humide, et le poids des pommes de terre pourries considérable, ce qui a réduit le poids des pommes de terre marchandes, les seules qui aient été comptées.

Graphique N°10

Culture du maïs fourrage.

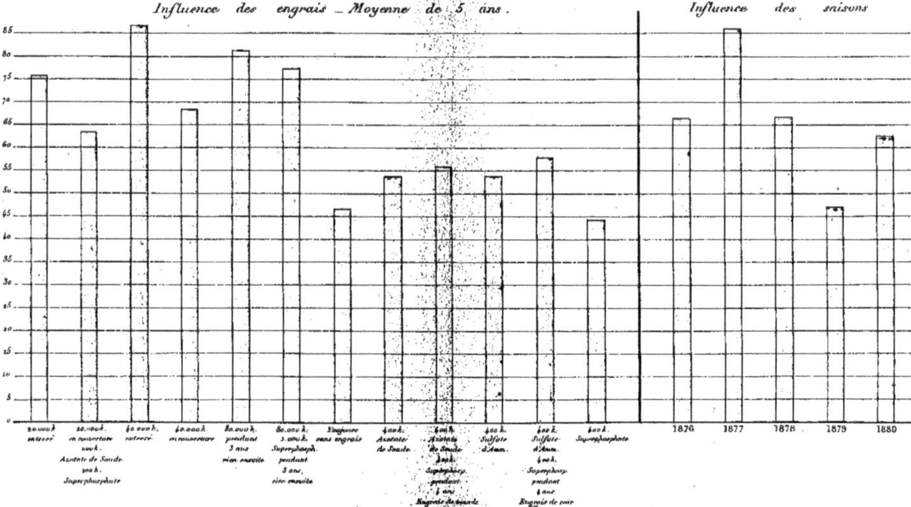

GRAPHIQUE N° 10.

Culture du maïs fourrage. — Influence des engrais et des saisons.

Le maïs fourrage a été cultivé pendant les cinq années de 1876 à 1880 sur les mêmes parcelles. Si on compare les six bandes de gauche, qui représentent le poids de fourrage vert obtenu à l'hectare sur les parcelles qui ont reçu du fumier aux six bandes de droite, qui figurent les récoltes recueillies sur les parcelles non fumées ou amendées avec des produits chimiques, on constate une différence considérable, qui montre clairement que sur une terre un peu légère, comme celle de *Grignon*, le maïs fourrage exige impérieusement l'emploi du fumier.

Cet engrais est beaucoup plus efficace quand il est enterré que lorsqu'il est employé en couverture.

A la dose de 20,000 kil. à l'hectare il a fourni en moyenne 75 tonnes de fourrage vert, et 85 à la dose de 40,000 kil. : les tonnes de surcroît valent-elles les 20,000 kil. de fumier employés en plus? Cela dépend évidemment du prix auquel le fumier peut être compté. Dans le cas particulier que nous examinons, il faudrait que le fourrage eût précisément une valeur double de celle du fumier.

Quand on a donné au sol, pendant les trois premières années, 80,000 kil. de fumier, puisqu'on a cessé l'emploi de tout engrais pendant les deux années suivantes, on a obtenu 80 tonnes de fourrage vert. En résumé, dans cette parcelle, pendant les cinq ans 240 tonnes de fumier ont produit 400 tonnes de fourrage; en ne donnant que 40 tonnes de fumier chaque année, ou 200 tonnes en tout, on a obtenu 425 tonnes de fourrage, ou en moyenne 85 chaque année; il est manifeste que sur la terre de Grignon les fumures répétées sont plus efficaces que les fumures très copieuses suivies d'un arrêt complet dans la distribution de l'engrais. Il est visible que l'addition des superphosphates à la haute dose du fumier est inutile.

Les engrais salins, nitrate de soude ou sulfate d'ammoniaque, mélangés ou non de superphosphates, n'ont exercé aucune action avantageuse sur la culture du maïs fourrage; les récoltes surpassent légèrement celle de la parcelle sans engrais, mais d'une quantité insuffisante pour payer les engrais employés; le superphosphate distribué sans engrais azoté ne fournit qu'une récolte inférieure à la parcelle sans engrais.

L'influence des saisons est trèssensible; c'est en 1877 que la récolte a atteint son maximum. Celle de 1879, très bonne sur les parcelles fumées, a été au contraire très médiocre sur les terres qui ont reçu seulement les engrais chimiques.

Graphique N° 11

Culture des Betteraves en 1887

Poids des betteraves à l'hectare pour chaque parcelle

Poids du sucre contenu dans les betteraves de chaque parcelle

Betteraves graines de Grignon — Betteraves Vilmorin

Tonnes

N° des Parcelles 37 — 33 — 34 — 35.36 — 38 — 39 — 53 — 49 — 55 — 50.56 — 51 — 52

Sucre contenu dans un décilitre de jus des betteraves recueillies dans les diverses parcelles

Grammes

N° des Parcelles 37 — 33 — 34 — 35.36 — 38 — 39 — 53 — 49 — 55 — 50.56 — 51 — 52

Prix de la tonne des betteraves recueillies sur les diverses parcelles

Francs

N° des Parcelles 37 — 33 — 34 — 35.36 — 38 — 39 — 53 — 49 — 55 — 50.56 — 51 — 52

Engrais distribués

Résultats économiques

Betteraves graines de Grignon — Betteraves Vilmorin

Francs

37 — 33 — 34 — 35.36 — 38 — 39 — 53 — 49 — 55 — 50.56 — 51 — 52

Bénéfice

Dépenses

Loyer — Fumier — Az. de Soude — Sulf. d'Amm.

On obtient le produit brut en additionnant le bénéfice et les dépenses

GRAPHIQUE N° 11.

Culture des betteraves en 1887.
Influence de l'origine de la graine, de la nature et de l'abondance des engrais.

La valeur d'une récolte de betteraves dépend non seulement du poids de racines obtenu, mais encore de leur richesse en sucre qui détermine le prix de la tonne; nous avons donc dû, dans la partie gauche du dessin, représenter : le poids de la récolte de chaque parcelle ramené à l'hectare — il est figuré par la hauteur des bandes verte et rouge — et le sucre élaboré par cette récolte; celui-ci est figuré par les petites bandes vertes.

Au-dessous les bandes correspondantes aux précédentes et portant les mêmes numéros indiquent le poids du sucre en grammes contenu dans un décilitre de jus.

Le prix de la tonne de betteraves est déterminé par la quantité du sucre qu'elle contient; la hauteur des bandes orange indique le prix de la tonne de betteraves recueillies sur chacune des parcelles.

En multipliant l'un par l'autre les chiffres de la bande supérieure, tonnes de betteraves recueillies à l'hectare, par le prix de la tonne (bandes orange), on a le produit brut. Il est figuré par la somme des bandes de droite comptées à partir du zéro en dessus et en dessous. La parcelle **52** a fourni $42^t 8$; elles ont été vendues 29 fr. 80 ; le produit est 1,275 francs. On voit facilement que la somme des deux bandes donne ce nombre.

De ce produit brut, nous défalquons les dépenses générales, loyer, impôt, labours, binages, arrachages, transport, 664 francs représentés par la bande verte; nous en défalquons encore les dépenses d'engrais. Ici se rencontre la difficulté inextricable dont nous avons parlé déjà plus haut : le prix du fumier ; nous avons supposé que le fumier avait été acheté 6 francs la tonne et que les frais de transport, de manipulation, etc. l'amenaient à 10 francs mis en place dans les champs.

A cette dépense nous ajoutons enfin celle des produits chimiques. Après avoir défalqué toutes ces dépenses du produit brut, nous portons la différence au bénéfice ; il est figuré par les bandes rouges.

Il est arrivé dans ces essais que la valeur de la récolte fut inférieure aux dépenses ; nous avons figuré le déficit par une bande noire portée au-dessus de la ligne zéro.

Nous avons voulu savoir d'abord, dans ces essais de 1887, si une graine recueillie à Grignon, sur des plantes provenant de racines appartenant à la race Vilmorin améliorée, donnerait des récoltes aussi avantageuses que les graines achetées directement à la maison Vilmorin ; il est facile de voir que, placées dans de bonnes conditions comme l'ont été les parcelles **33**, **34**, **35** et **36**, les graines de Grignon ont donné des récoltes analogues à celles qu'ont fournies les graines achetées ; leur richesse a même été plus grande, et par suite le prix de la tonne plus élevé.

En 1887, année chaude et sèche, les terres restées toujours sans engrais, **37** et **53** ont donné des récoltes misérables, insuffisantes pour payer les dépenses ; ces deux parcelles sont en déficit. Il n'est pas besoin d'insister ; tous les cultivateurs savent que la culture de la betterave ne peut être pratiquée que sur des terres enrichies par de copieuses fumures. Les engrais chimiques employés seuls, sur **38** et **39**, ont donné des récoltes absolument médiocres dont l'une est en déficit. L'emploi d'une dose modérée de fumier additionnée de sulfate d'ammoniaque ou d'azotate de soude, **33**, **34**, **50-56**, **52**, a été particulièrement avantageux. La dose énorme de fumier de 49 a occasionné une dépense plus forte que les recettes ; on voit que cette bande présente un léger déficit qui est du reste fictif, dû au prix excessif auquel nous avons compté le fumier. Il n'en est pas moins instructif de voir que le déficit peut provenir soit d'une absence complète de fumure, soit de la distribution d'une dose d'engrais exagérée.

Les deux parcelles **34** et **51** ont été arrosées pour reconnaître l'effet que produiraient les irrigations pendant une année sèche ; l'effet a été remarquable : **34** a donné un bénéfice considérable et **51** est bien supérieur à **55**.

Graphique N°12

Culture des Betteraves en 1888

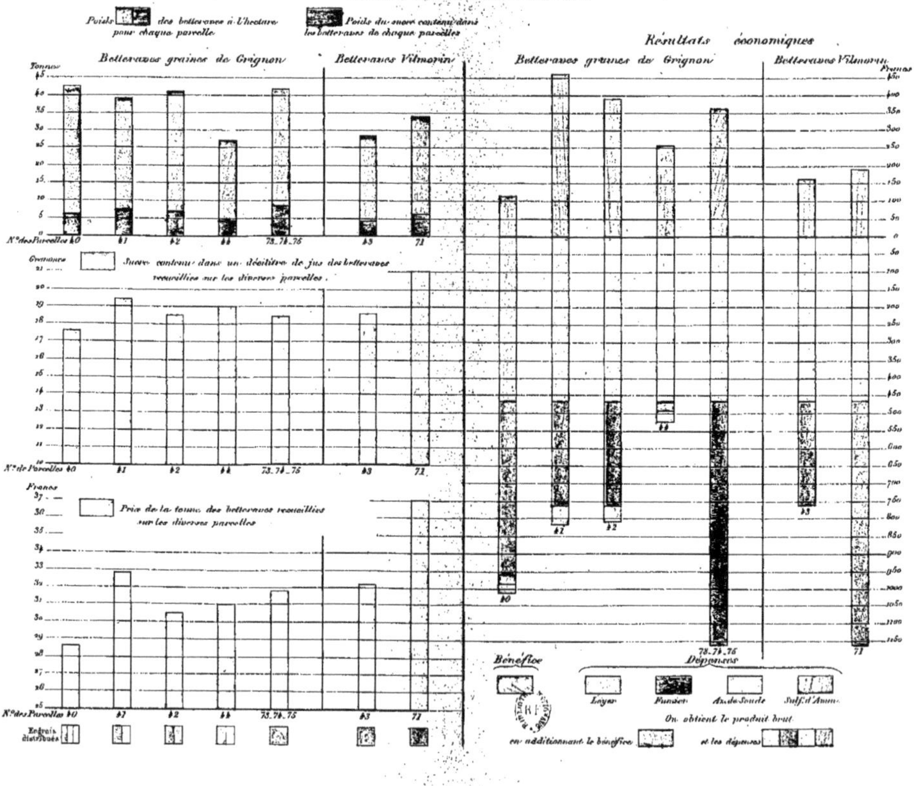

Poids des betteraves à l'hectare pour chaque parcelle

Poids du sucre contenu dans les betteraves de chaque parcelle

Betteraves graines de Grignon — Betteraves Vilmorin

Tonnes

N° des Parcelles 40 — 41 — 42 — 44 — 73.74.75 — 43 — 71

Grammes

Sucre contenu dans un décilitre de jus des betteraves recueillies sur les diverses parcelles.

N° de Parcelles 40 — 41 — 42 — 44 — 73.74.75 — 43 — 71

Francs

Prix de la tonne des betteraves recueillies sur les diverses parcelles

N° des Parcelles 40 — 41 — 42 — 44 — 73.74.75 — 43 — 71

Engrais distribués

Résultats économiques

Betteraves graines de Grignon — Betteraves Vilmorin

Francs

40 — 41 — 42 — 44 — 73.74.75 — 43 — 71

Bénéfice

Dépenses: Loyer — Fumier — Az. de Soude — Sulf. d'Amm.

On obtient le produit brut en additionnant le bénéfice et les dépenses

GRAPHIQUE N° 12.

La culture des betteraves en 1888 est représentée comme la précédente.

On a encore mis en comparaison les graines Vilmorin achetées directement et les graines produites à Grignon; les premières ont donné un lot très remarquable comme richesse; l'autre, au contraire, n'a fourni que des betteraves excellentes, à 18.2 pour 100 de sucre, mais non plus extraordinaires comme les précédentes qui marquaient 21 de sucre dans 100 de jus.

Les bénéfices ont été les mêmes, la plus haute valeur de la tonne de betteraves ayant été compensée par la dépense excessive du fumier. Il est bien à remarquer que cette récolte d'une richesse exceptionnelle s'est développée sur un sol qui avait reçu une très forte fumure de fumier; on voit combien il faut se garder de généraliser l'opinion souvent émise par les chimistes agronomes de la région septentrionale, qui assurent que la fumure au fumier exerce d'ordinaire une influence fâcheuse sur la richesse en sucre des betteraves.

Cette opinion, qui s'appuyait sur des observations portant sur les betteraves d'une médiocre valeur cultivées avant la loi de 1884, ne s'applique nullement à la betterave Vilmorin.

Si les Vilmorins directes ont montré une richesse supérieure à celle des betteraves provenant des graines recueillies à Grignon, celles-ci ont fourni des poids de betteraves plus élevés ; la seule parcelle **44** qui n'a reçu que des engrais chimiques a donné une faible récolte.

La parcelle **40** avait été sans engrais l'an dernier ; cette année, elle a reçu une forte fumure de fumier, additionnée d'azotate de soude et de sulfate d'ammoniaque ; le produit à l'hectare est considérable, mais la richesse en sucre médiocre ; le prix de la tonne peu élevé, et par suite le bénéfice faible ; il est manifeste que les fumures modérées de 30,000 kilogr. de fumier additionnées d'une faible quantité de produits chimiques sont tout à fait suffisantes. C'est ce que montrent très clairement les deux parcelles **41** et **42** ; si on ajoute, au contraire, à une très forte dose de fumier des engrais salins azotés, on a chance de voir, comme sur la parcelle **40**, la valeur de la récolte diminuer et le bénéfice se restreindre.

En résumé, on voit que grâce à la loi votée en 1884, par le Parlement, *la culture des betteraves à sucre peut être aujourd'hui très avantageuse.*

FIN

Imprimeries réunies, B, rue Mignon, 2.

A LA MÊME LIBRAIRIE

RECHERCHES DE CHIMIE ET DE PHYSIOLOGIE appliquées à l'a[illegible] des matières fertilisantes et alimentaires, par A. P[illegible], [illegible] l'Institut agricole de l'État belge. 2e édition. 1 vol. in-8, [illegible] le texte et 3 planches lithographiées [illegible]

ESSAIS SUR L'ORGANISATION ET L'ADMINISTRATION DES ENTRE[illegible] TRAITÉ D'ÉCONOMIE RURALE, par J. PIRET, ancien [illegible] rurale. 1 vol. in-8 [illegible]

DICTIONNAIRE DES ARTS ET DES MANUFACTURES et de l'[illegible] traité complet de technologie, par M. LABOULAYE, 6e édition, [illegible] plétée. 4 vol. in-4°, imprimés sur 2 colonnes, avec 5,000 [illegible] Brochés . . . . . . 100 fr.

TRAITÉ DE CHIMIE ANALYTIQUE APPLIQUÉE A L'AGRICULTURE, par M. E[illegible] PÉLIGOT, membre de l'Institut et de la Société national[illegible] professeur à l'Institut national agronomique. 1 vol. in-8°, [illegible] 43 figures dans le texte . . . . . . [illegible]

LE LIVRE DE LA FERME ET DES MAISONS DE CAMPAGNE, publié sous la direction de M. JOIGNEAUX, par une réunion d'agronomes. 4e édition, entièrement refondue, 2 volumes grand in-8°, avec figures dans le texte . . . . . . [illegible]

Reliés demi-maroquin . . . . . . [illegible]

LE PROPRIÉTAIRE DEVANT SA FERME DÉLAISSÉE. Conférences [illegible] par M. GEORGES VILLE. 3e édition, 1 volume in-18 avec [illegible]

LA CULTURE SELON LA SCIENCE. Échos du Champ d'expérience[illegible] par HENRI BLOUDEAU. 1 volume in-18 [illegible]

ANNALES AGRONOMIQUES, publiées depuis 1875 sous les auspices [illegible] l'Agriculture et du Commerce (*Direction de l'Agriculture*), par M. [illegible] DEHÉRAIN, membre de l'Institut, professeur de physiologie végétale au Muséum d'histoire naturelle et de chimie agricole à l'École d'agriculture de Grignon. Elles paraissent le 25 de chaque mois. Prix de l'abonnement annuel : Paris et départements, 20 fr. — Union postale . . . . . . [illegible]

JOURNAL DE L'AGRICULTURE, de la ferme et des maisons de campagne, de l'économie rurale et de l'horticulture, fondé par M. J.-A. BARRAL. Rédacteur en chef : HENRI SAGNIER.

Le Journal de l'Agriculture paraît tous les samedis en un numéro de 52 pages gr. in-8. Il forme, par semestre, un volume de [illegible] pages avec nombreuses figures dans le texte. Prix de l'abonnement annuel : Paris et départements, 20 fr. Union postale . . . . . . [illegible]

Imprimerie [illegible], 2, rue Mignon, 2.

www.ingramcontent.com/pod-product-compliance
Ingram Content Group UK Ltd.
Pitfield, Milton Keynes, MK11 3LW, UK
UKHW020327220726
13923UKWH00003B/1408